绿色家园——环保从我做起

保护生态环境

瑾蔚 编著

大连出版社
DALIAN PUBLISHING HOUSE

© 瑾蔚 2018

图书在版编目（CIP）数据

保护生态环境 / 瑾蔚编著. —大连：大连出版社，2018.6（2024.5 重印）
（绿色家园：环保从我做起）
ISBN 978-7-5505-1345-7

Ⅰ. ①保… Ⅱ. ①瑾… Ⅲ. ①生态环境—环境保护—普及读物 Ⅳ. ①X171.1-49

中国版本图书馆 CIP 数据核字（2018）第 076195 号

绿色家园——环保从我做起

保护生态环境
BAOHU SHENGTAI HUANJING

责任编辑: 金东秀　李玉芝
封面设计: 李亚兵
责任校对: 张　爽
责任印制: 徐丽红

出版发行者: 大连出版社
　　　　　地址: 大连市西岗区东北路 161 号
　　　　　邮编: 116016
　　　　　电话: 0411－83620573　　　0411－83620245
　　　　　传真: 0411－83610391
　　　　　网址: http://www.dlmpm.com
　　　　　邮箱: dlcbs@dlmpm.com
印 刷 者: 永清县晔盛亚胶印有限公司

幅面尺寸: 160 mm × 220 mm
印　张: 6
字　数: 90 千字
出版时间: 2018 年 6 月第 1 版
印刷时间: 2024 年 5 月第 6 次印刷
书　号: ISBN 978-7-5505-1345-7
定　价: 30.00 元

生态环境是指自然环境中影响人类和其他生物生存、发展的一切外界条件的总和。它以人类和其他生物的生存、发展为出发点，由生物、非生物因素共同组成。人类和其他生物一样，要生存和发展就必须不断从外界环境中获取所需的一切物质与能量。但人类又和其他生物不同，因为我们具有强大的创造力和建设能力。

从史前的采猎时期到靠天吃饭的农耕时代，再到以能源为动力、以机器为工具的工业时代，人类与环境的关系越来越密切。随着人类活动范围的不断扩大，环境污染、能源枯竭、动植物栖息地被侵占和损毁等问题日益突出，严重影响了人类的生活质量。

人与自然是生命共同体，人类可以向自然界索取，但要有限度；人类可以利用自然资源，但要注意保护，不能超过自然界容许的限度。保护生态环境，就是保障整个人类的未来，是我们每个人的责任。

目录

地球上的生物

地球上具有生命的物体统称为生物。生物要生存，就要不断从外界获取物质与能量。从诞生到死亡，它们无时无刻不在与外界发生着各种联系。所有的生物一边利用和适应环境，一边也在改变着环境。

生物界的三大类

地球上的生物大致分为植物、动物、微生物三大类。它们通过物质和能量的循环结合成一个整体，不断从空气、水和土壤这三大生命要素中获取所需的一切生存资料。

▲ 庞大的鲸要生存需要更多的物质能量

▲ 植物的光合作用会将太阳能转化为生物能

▲ 微生物在自然环境中无处不在

对地球生物而言，一切能量几乎都源自太阳，植物是将太阳能转化为生物能的主力军。

生物与环境

每一种生物个体都要进行物质和能量的代谢，以保证自己的生长和发育。生物从外界环境获取生存物质与能量的这种需求，是生物与环境发生联系的前提。

生态与自然环境

生物要生存和发展，离不开自身所处的环境。生物从环境中索取生存和发展所需的各种物质和能量，并在长期过程中对所处的环境形成一定的适应性。人们把生物在特定环境下的这种生存和发展状态，称为生态；生态也指生物的生理特性和生活习性。

环境的作用

生物在一定的环境下生存和发展，环境的改变会潜移默化地影响生物的生存和发展状态。

▼ 青藏高原上的牧民与放养的羊群

自然环境是社会环境的基础,社会环境是自然环境的发展,同时也会影响自然环境。

影响人类的环境

我们所说的环境往往以人类为中心,主要指人类生存的空间,以及其中可以直接或间接影响人类生存与发展的各种自然因素。对人类而言,它通常包括自然环境与社会环境。

自然环境与五大圈

自然环境指生物生存和发展所依赖的各种自然条件的总和,包括大气环境、水环境、土壤环境、地质环境和生物环境等,具体指地球大气圈、水圈、土壤圈,以及岩石圈和生物圈。

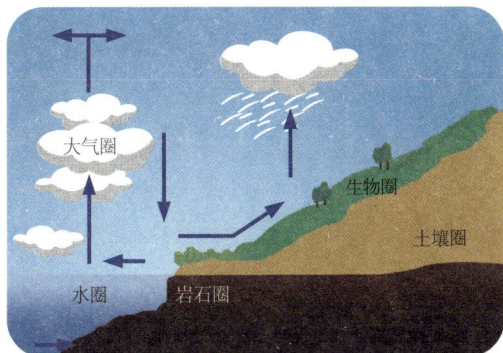

▲ 五大圈组成分布示意图。蓝色箭头代表水分在陆地(生物圈、土壤圈、岩石圈)、水域(海洋和陆上以河流为主的水圈)、大气(大气圈)间的循环过程

动物取食植物获取物质与能量

植物生长离不开土壤

水是植物生长的必需因素之一

▲ 地球拥有丰富多彩的自然环境,植物与动物是构成地球环境的主要因素

自然环境与生态

生物生存的自然环境既包括没有生命的自然因素,也包括各种生物因素。生物与生物之间、生物与周围环境之间的相互联系、相互作用,是生态在自然环境中的具体体现。

生态环境

　　自然环境为人类与地球其他生物共同所有，它包括了很多因素，生物是其中之一。人类以及其他生物都是自然环境的受益者，自然环境中能够影响它们生存和发展的全部外在因素就是我们所说的生态环境。

生态与环境的关系

　　生态与环境是两个相对独立，又紧密相连的概念。生态侧重于生物与周围环境的相互关系，而环境更强调以人类生存和发展为中心的外部因素。在此基础上才有了生态环境的说法。

▲ 人类放养的牛、羊、马取食草原上的牧草

　　根据《中华人民共和国环境保护法》规定，环境是指影响人类生存和发展的各种天然的和经过人工改造的自然因素的总体。

什么是生态环境

　　生态环境是指自然环境中影响人类和其他生物生存和发展的一切外界条件的总和，它由生物因素和非生物因素共同组成，比如动物、植物、微生物，以及光、温度、水分等。

▲ 海底的珊瑚礁是很多海洋动物生存的乐园

🌼 生态环境不等于自然环境

生态环境是从生物的角度去定义环境,其范畴比自然环境要小,只有具有一定生态关系构成的环境才能称为生态环境。仅有非生物因素的自然环境,不是生态环境。

🌼 生态环境问题影响深远广泛

在大自然中,各种因素并不是孤立地对人类与其他生物起作用,它们相互联系、相互影响,综合作用于人类和其他生物。所以生态环境出现问题,其影响通常深远而且广泛。

▶ 人类要发展,就要遵循自然规律,而不是随意破坏自然

人类与生态环境

　　包括人类在内的所有地球生物从自然环境中获取生存资料的同时,也以自己的方式参与到了对自然环境的塑造中,其中人类的各种活动对自然环境的影响最大,也最显著。这种影响既有负面的,也有正面的。

　　当生态环境反作用于人类,其效应有利于人类发展时,就意味着人类对环境的改造带来了效益,这就是生态效益。

生态环境中最积极的因素

　　人类是生态环境中的因素之一,也是最积极、最活跃的因素。在人类社会发展的各个阶段,人类活动都会对生态环境产生影响。

▼ 人类对自然的改造催生了高度人工化的城市

🍀 人类的索取

人类生存和发展所需的一切物质资料都是从自然环境中获取的。如果人类盲目地开采、无节制地利用，会一步步加剧自然资源的消耗，甚至导致自然资源的枯竭。

▲ 人类用爆破方式开采露天矿

🍀 人类的改造

人类有着空前强大的建设和创造能力，这种能力可以帮助我们更好地适应自然环境。但如果人类对自身改造能力盲目自信，也会严重破坏甚至彻底摧毁我们的生态环境。

▲ 人类建设油田，开采石油

🍀 人类与生态环境相互的影响

人类对自然的索取与改造会影响生态环境，生态环境反作用于人类的生产和生活环境，也会产生一定的效应。这种效应可能提高人类的生存环境质量，也可能加速环境恶化。

▶ 人类开挖煤矿获取煤炭资源

生态系统

生活在特定环境下的生物为了生存与繁衍，需要不断地适应环境的变化。在这个过程中，它们也不断以自己的方式对环境产生着影响。生物与其所处的自然环境之间相互作用形成的自然系统，就是生态系统。

四大组成部分

生态系统由生物所处的无机环境、生产者（绿色植物）、消费者（草食动物和肉食动物）以及分解者（腐生微生物）四个基本部分组成。

▼ 在农田生态系统中，人类的参与改造影响显著

地球上的生态系统是多种多样的，有森林生态系统、苔原生态系统、草原生态系统、农田生态系统、河流生态系统、湖泊生态系统等。

▲ 食物链关系示意图。箭头指向的是摄食关系中的被摄食者

动植物死亡后会由微生物分解

以生物为核心

植物通过光合作用合成的生物能以及水和营养物质，都是借助食物链在环境与生物之间进行传递和循环。这种以生物为核心的物质能量传递方式可以说是生态系统的基本特征和功能。

自身的统一性

生态系统内的生物种类组成、种群数量、种群分布都与具体环境相联系，并有自己的结构特征。这种功能与结构的统一性决定了生态系统的各种特性，以及生态系统应对环境冲击的自我调节能力。

食物链的作用

食物链是动植物和微生物之间由于摄食关系所形成的一种联系。物质与能量通过食物链在植物、动物、微生物界传递、循环，这个过程同时也是生物适应和改造环境的过程。

吸收阳光

释放氧气

吸收二氧化碳

吸收水分

▲ 光合作用示意图。植物通过根吸收土壤中的水分，通过叶片吸收空气中的二氧化碳，放出氧气

海洋生态系统

　　海洋是地球上分布最广的水体,拥有全球最大的生态系统。其作为联通水圈、大气圈和生物圈的桥梁,为全球生命提供了基本的生存资料,也成为维系人类生存和发展的资源库,海洋生态环境因此受到世界各国的重视。

海洋中的生物

　　海洋中的藻类和种子植物,以及部分能进行光合作用的细菌是海洋食物链的生产者;海洋中的消费者主要为各类海洋动物;海洋中的分解者包括海洋细菌与真菌。

▶ 紫菜、海带等都是海藻。海藻没有真正的根、茎、叶,而且形态差异很大

▲ 五光十色的海底珊瑚礁

海洋环境

　　阳光、空气、海水、溶解和悬浮于海水中的物质、海底沉积物等组成了海洋无机环境,水温、盐分、海水中的各种化合物、阳光入射量等因素,都与海洋生物的生存状况密切相关。

▲ 海洋为人类提供了丰富的渔业资源

🍀 海洋与人类

　　海洋中的生物以食物链的形式形成复杂的海洋生态系统,其丰富的生物资源形成了强大的物质生产力,这是人类生产和生活所需物质、能量的主要源泉。

🍀 海洋生态系统现状

　　海洋生物生产力的大小与海洋的生态环境紧密相关。人类的过度捕捞以及其他活动引起的气候变化、海洋污染等问题对海洋生态带来影响,已经在不同地区不同程度地引起海洋生产力的下降。

红树林沼泽、珊瑚礁、海岸湿地以及上升流海域是全球海洋生态系统的重要组成部分。

▼ 海洋水质检测是对海洋污染进行有效监督的重要方式

森林生态系统

森林作为地球陆地上最主要的植被类型之一，不仅是生物圈的重要组成部分，也是陆地生态系统的主体。茂密的森林具有适宜生物生存的天然优势，它孕育了丰富多彩的动植物种类，也成为人类获取生存资料的主要源泉。

森林生态系统的特点

森林对陆地生态系统有着决定性的影响，也是所有陆地生态系统中面积最大、结构最复杂、功能最稳定、生物量最高的生态系统。

森林在维持生物圈的稳定、改善生态环境方面起着重要作用，具有调节气候、保持水土、维持生物多样性等功能。

▼ 以松、柏等为主的针叶林

森林生态系统类型

按照植被类型，森林生态系统分为热带雨林生态系统、亚热带常绿阔叶林生态系统、温带落叶阔叶林生态系统、寒温带针叶林生态系统。

▲ 热带雨林拥有人类至今还未发现的很多物种

▲ 生活在森林里的松鼠猴

森林里的生物

森林生态系统中的消费者以哺乳动物、爬行动物、两栖动物、鸟类、昆虫和原生动物为主，生产者以乔木为主，还有灌木、藤本植物、草本植物以及苔藓、地衣，分解者为以菌类为代表的各种微生物。

森林生态系统现状

植物作为生产者在整个生态系统中发挥着关键作用，森林又有着全球最大的植物资源，因此它成为地球生态系统的重要组成部分。人类对森林的过度开发利用是当前森林生态系统面临的最大威胁。

▶ 对林木资源的过度开采，是造成当前森林生态，特别是热带雨林生态遭到破坏的重要原因

湿地生态系统

湿地与森林、海洋并列称为全球三大生态系统,它是介于陆地生态系统和水生生态系统之间的生态系统,具有极高的物质生产力。由于生产力巨大,湿地生态环境也日益得到世界各国的广泛关注。

湿地生态环境

湿地生态系统的生物主要包括湿生、沼生和水生植物及动物、微生物等,非生物因素包括与这些生物的生存相关的水、光、热、无机盐等。

◀ 湿地中的芦苇林

湿地生态功能

湿地是很多水生动植物栖息、繁衍、生长和候鸟越冬的场所,具有调节气候、涵养水源、控制洪水、降解污染物、维持生物多样性、保护环境等生态功能。

▼ 在湿地保护区生活的朱鹮

🍀国际保护行动

为了加强对湿地的管理和保护,世界上不少国家都建立了湿地保护区,国际上还签订了如《关于特别是作为水禽栖息地的国际重要湿地公约》等湿地保护公约。

◀ 湿地是很多水禽繁衍后代、越冬的重要场所

🍀我国湿地现状

我国湿地主要分布在江苏北部沿海、东北三江平原、青藏高原等地,但由于垦田开荒、污染和过度捕猎等问题,湿地也面临着日益减少的趋势。为保护湿地,我国建立了不少湿地保护区。

湿地是濒临江河湖海或位于内陆、长期受水浸泡的洼地、沼泽和滩涂的统称,地势低平、排水不良、海潮等是湿地形成的重要因素。

▼ 水禽在湿地草滩上筑巢产卵、哺育后代

生态平衡

生态系统内部的生物和非生物因素之间既相互联系、相互影响，也相互制约、相互对立。当各种对立的因素彼此之间相互作用，达到高度适应、协调和统一的状态时，即为生态平衡。

生态平衡的形成

生态平衡指一定的动植物群落和生态系统在发展过程中，其中相互排斥、对立的生物物种和非生物环境通过相互制约、转化、补偿和交换等作用所达到的一个相对稳定的状态。

生态系统内部关系的平衡主要体现为物质和能量的循环流动在各环节相对稳定。

▼ 生活在同一生态环境中的火烈鸟与斑马和谐共处

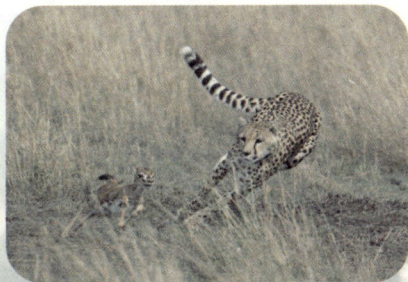

▲ 水禽在水畔嬉戏

动态的平衡

生态平衡并不是固定不变，它会随着能量流动、物质循环和信息传递在生态系统的生物与环境、生物与生物之间的改变而改变，因此是一种动态的平衡。

自我恢复

生态平衡强调的是生态系统内部的生产者、消费者、分解者与非生物环境之间相互关系的平衡。一般而言，在受到外来干扰时，生态系统具有通过自我调节恢复到初始稳定状态的能力。

生态失衡

生态平衡表现为生态系统的生物与非生物环境之间、生物群落之间、生物物种之间以及食物链各环节之间的平衡。它受到生态系统内各种因素的影响，其中任何一环出现问题，原先的生态平衡就会被破坏。

▲ 猎豹在捕食。在不受人类干扰的正常情况下，特定的草原区域内猎豹与其猎捕对象之间的数量会维持在一定比例上

生态危机

生态系统原先的平衡一旦被打破，并超出生态系统自身的调节能力，就预示着潜在的生态危机即将出现。生态危机是生态严重失衡，生态环境遭到严重破坏，威胁到人类生存与发展的现象，由人类活动直接或间接造成。

外来因素打破平衡

生态系统通常在无重大外界干扰的情况下会达到动态的平衡。其原有的平衡被打破通常由外来因素引起，这些外来因素既有自然原因，也有人为原因。

▲ 土壤沙漠化是沙尘暴增多的重要原因

▲ 小行星撞击地球导致恐龙灭绝假想图

恐龙可能是受害者

小行星撞击地球导致地球环境骤变是当今比较流行的恐龙灭绝说法之一。如果这个说法成立，那恐龙可能就是地球生物史上由自然原因引发的生态危机的最大受害者。

▲ 堆积如山的垃圾已经成为困扰人类发展的顽疾

🍀 人类活动引发危机

　　人类属于生态系统中的消费者，我们对环境的索取和改造无时无刻不在影响着自身所处的环境。过度的开发利用和严重污染，是人类活动引发生态危机的直接原因。

　　一旦形成生态危机，生态在较长时期内往往难以恢复平衡，所以我们要将环保落实到实际生活中，防患于未然。

▲ 密集的人口给生态环境带来了巨大压力

🍀 人口爆炸的影响

　　人口的急剧增长会加大人类对物质与能量的需求。为了生存，人类毁林开荒、竭泽而渔。急剧增加的人口不仅加大了对资源的消耗，也加剧了对环境的污染，并埋下了生态危机的隐患。

19

农耕时代生态问题

作为地球生命之一，人类的生存发展与地球环境息息相关。在人类生存能力还很低下时，人类对环境的影响较小，通常只限于局部区域。但伴随人类文明的一次次进步，人类对环境的影响变得越来越明显，范围也越来越广。

▲ 原始人集体狩猎

🍀原始的采猎方式

在史前人类时期，受生态环境因素的影响，人类的生活和生产方式受到很大制约。在人口稀少、人群分散的条件下，采集、狩猎是人类获取食物的主要方式。

🍀人口压力促进改变

随着人类的进步，人口的增加也加大了对食物和生存空间的需求，这促使人类不断扩大生存领地，改变生产和生活方式。人们砍掉树木、烧掉荒草，开垦农田，进入农耕时代。

▲ 人口的增多迫使人类寻求更多的食物来源

▼ 人类在河流、湖泊沿岸定居下来，过上了种植和渔猎结合的稳定生活

🌼 靠天吃饭

农耕时代初期，人类由原先的采猎和游牧生活逐渐向稳定的农居生活改变。人们学会了种植作物，学会了围湖造田，但这时期的人类仍然靠天吃饭，遇到自然灾害只能听天由命。

农耕时代的移民有部族首领组织的迁徙和民众自发迁徙两种情况，前者主要为缓解人口压力、戍边、扩大领土，后者多为民众逃难迁移。

▲ 农业出现后，稳定的生活促使人类开始驯养家畜

🌼 进一步改造自然

农业的兴起使人类有了相对稳定的食物来源，这又促进了人类自身的繁衍。为了解决更多人的吃饭问题，人类开始移民并开垦出了更多农田，又修堤筑坝、引水灌溉，试图减少对自然的依赖。

环境恶化与文明衰落

伴随农业的发展,人类的活动范围持续扩大,对资源的需求持续增加。当对环境的影响超出环境的承受力时,大自然的报复便随之而来。人类农耕时代曾经辉煌一时而又很快衰落的古代文明,无不与此有关。

改造是把双刃剑

人类身处环境中,所有的活动都离不开环境,所以人们对生态环境的改造是一把双刃剑。环境被改变,它又会反作用于人类自身。

▶ 玛雅人曾建造了雄伟的神庙,创造了灿烂的玛雅文明,生态环境的变化可能是导致玛雅文明衰落的原因之一

在特定的生态系统中,人口减少、人口骤降也可能成为压垮生态平衡的重要因素。

持续的循环

人类对环境的改造也是一种持续的循环,当环境满足了人类当前的需求,人类得以发展,这会刺激并促使人类继续扩大其对生态环境的改造,从而对生态环境产生更大的影响。

🍀战争与人口增长

　　农耕时代文明的衰落既有气候变迁等自然原因，也有人类战争、人口增长等人为原因。战争使人口大量消失，导致田地荒芜、城乡衰落；人口激增带来的过度放牧垦田，使环境恶化，不再适宜生存。

▲ 战争的影响并不局限于农耕时代，也不仅限于人口方面，它还会破坏人类的生存环境

🍀人口的影响力

　　人口的多少决定了人类对生态环境的影响力。人口增长过快，会在短期内加重生态环境的负荷；长期过快增长带来的人口过剩会给生态环境造成重负。

▼ 人口的不断增长不但加大了对资源的消耗，
　也加剧了对环境的污染

23

工业发展与生态环境

当人类由农耕时代步入工业时代后，机器成为人们的劳动工具。这进一步促使人类追求便利、快捷，对机器不断改进。随着工业化的持续推进，人与生态环境的关系变得空前紧密。

▲ 机器要消耗能源，也可能给环境带来污染

机器、人类与环境

当机器取代手工劳动进入人类社会的各个领域，机器对能源的消耗与由此带来的环境污染问题也开始渗入人类生产生活的各个环节。人类与环境的关系变得更加密切，对环境的影响愈加强烈。

工业生产与环境

人类发明了机器，机器促进了工业发展，工业的规模化又制造出了更多机器。当机器成为人类改造环境的工具时，其对矿产能源的过度消耗以及排放出的废气、废物，成为生态环境的重负。

工业的发展带来更多的工作岗位，为了谋生，人们涌向工厂集中的地方，于是在这些地区逐渐形成了城市。

🍀 工业扩张的后果

工业发展最直接的表现就是工厂兴起。为了扩建工厂，森林被砍伐，农田被圈占，动物栖息地遭到破坏。为方便取水和排放废水，工厂常选址在河流沿岸，河流成为工业发展的牺牲品。

▲ 未经处理的工业废水直接排放到河流中，会给河流带来严重污染

🍀 工业化的城市问题

人类社会的工业化过程也是城市化的过程。城市聚集着更多的人口，消耗着更多的资源，制造了更多的垃圾和污染物，这种资源与废弃物的高度密集化使城市生态环境异常脆弱。

▼ 工业时代初期的城市都是围绕工厂形成的，但现在为了保护城市环境，很多城市又开始将工厂陆续迁出城区，希望以此减轻工厂对城市生态环境的影响

工业时代的生态问题

在人类发展的每一个阶段，人们对生态环境的影响都存在着不同程度的问题。从农耕时代到工业时代，人类的发明创造给自己带来了巨大福利，但是人类与生态环境之间的问题并没有减少，反而变得更多，影响也更恶劣。

▲ 蒸汽机是将蒸汽的能量转换为机械功的往复式动力机械，它的出现曾引起了18世纪的工业革命

工业时代的动力

18世纪到20世纪中叶，以蒸汽机的使用为代表的第一次工业革命使人类步入了工业时代。工业时代是机器的时代，而机器则以能源为动力。

煤炭时代

煤炭的广泛使用始于第一次工业革命时期，今天它依然在被人类使用。在工业飞速发展的同时，煤炭燃烧产生的烟尘、二氧化硫、一氧化碳和其他有害污染物给大气造成了严重污染。

🍀石油时代

19 世纪末期，内燃机和汽车的发明使石油进入人类视野，成为"工业的血液"。作为一种不可再生资源，石油终有一天会耗完，但其及其衍生物所带来的环境问题却影响深远。

▲ 海上钻井平台开采石油

蒸汽机的发明和广泛使用标志着工业革命的爆发，也揭开了人类以煤炭作为能源的新篇章。

🍀科技时代

20 世纪后半期至今，电子、核能开发等技术产业的发展形成了新工业时代。新科技带来了新福利，但也造成了新污染，核污染、电子产品污染等成为我们前所未有的挑战。

▼ 电子产品的快速更新换代制造出了前所未有的电子垃圾

扩张的城市

　　随着社会经济的发展，特别是现代大工业的兴起，城市化成为现代社会的普遍现象。当人类与环境的关系越紧密时，其活动对环境的影响越大。城市作为高度人工化的生存环境，渐渐成为一个新生的各种因素密集化的生态系统。

▲ 人口的集中使城市交通越来越拥挤

城市生态系统

　　城市内部结构、能量和物质循环的每个环节及每个部分都有人类参与，并形成了以人类为中心、为主导的城市生态系统。因为对外部环境有强烈的依赖性，城市给生态环境带来很大压力。

城市生态环境

　　城市生态环境既包括地理、气象、生物等自然环境，也包括房屋、工厂、道路、市政基础设施、娱乐服务设施等社会环境。

▶ 城市绿地

🌸 人类与环境矛盾突出

由于人口高度集中，因此城市中人类与环境的矛盾尤为突出。此外，城市生态环境还受社会经济等各种因素的影响。在面对生态危机时，经济实力和环保意识强的城市能更好地应对危机。

▲ 城市大街上密集的人流

城市生态系统是自然、经济、社会各因素组成的综合体，除了人口，各种物质、能量、资金、信息等资源也是高度密集的。

🌸 消失的乡村

乡村有着与城市不同的生态环境，其天然属性更强。但随着城市的扩张，乡村被边缘化。原本水田交错、鸡犬相闻的乡村越来越少，城市生态问题影响的范围也越来越大。

▼ 城市中被高楼包围的城中村

重大生态事件

人类进入工业化社会以前，生产生活以索取活动为主，对环境的影响体现为对动植物、土地等资源的破坏。工业化时代，除了索取活动的影响，人类改造环境带来的污染问题也接踵而来，并引发了不少重大生态事件。

伦敦烟雾事件

英国首都伦敦曾深受煤炭废气、粉尘污染的危害。1952年12月有大约一周时间，因大量污染物在几乎无风的情况下无法消散，伦敦遭遇了史上最严重的烟雾污染，当月约有4000人死于呼吸道疾病。

▲ 伦敦的气候属于温带海洋性气候，空气湿润，水分大。工业革命早期，由于空气中煤炭粉尘颗粒物过量，伦敦时常大雾弥漫，因此有"雾都"之称

米糠油是从稻谷加工中获得的副产品米糠中提炼得到的一种稻谷油。

日本米糠油事件

20世纪六七十年代，日本一家食用油工厂在生产米糠油时将一种叫多氯联苯的有毒物质混入了米糠油，导致大量人员中毒或死亡，造成严重的污染事件。

▼ 博帕尔农药厂一个装有剧毒气体的储气罐，现在已经废弃

🍀 博帕尔毒气泄漏事件

1984 年 12 月 3 日凌晨，印度博帕尔市一家美国公司所属的农药厂氰化物气体发生泄漏。这次事件造成了 2 万多人死亡，几十万人间接致死、致残，现今当地居民的患癌率和儿童夭折率仍比印度其他城市高。

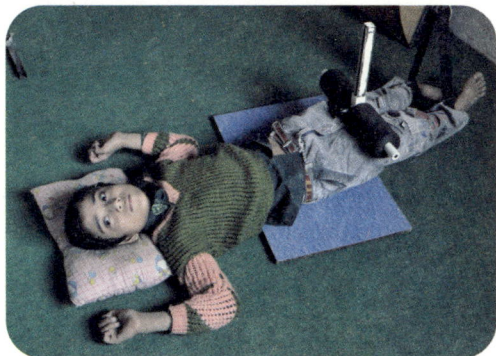

▲ 博帕尔事件致使当地数万人可能永久失明或终身残疾，其对受害儿童的影响至今仍未消除

▲ 切尔诺贝利电站爆炸事故后，其四号反应堆被"石棺"覆盖，以免泄漏

🍀 切尔诺贝利核爆炸事件

1986 年 4 月 26 日，苏联位于乌克兰境内的切尔诺贝利核电站的一个反应堆发生爆炸。这次核电站爆炸事故泄漏的放射性物质污染了欧洲大部分地区，科学家称，其潜在威胁将持续上百年。

大气圈与气候变化

　　大气圈指包围地球的气体层，气候则是一个地区长期以来天气和大气活动的综合状况。近年来，由于人类活动的原因，气候变暖等异常现象呈现出全球化趋势，给人类与生态环境安全带来了巨大威胁。

人类活动影响大气圈

　　在人为或自然因素影响较小的情况下，大气圈中的各种物质含量会保持一定的比例，但人类活动会改变局部地区大气状况，并进一步影响大气圈。

全球气候异常不是某个国家或地区的事，而是关乎整个人类的大事。

▲ 人类各种工业活动产生的废气对大气构成造成了影响

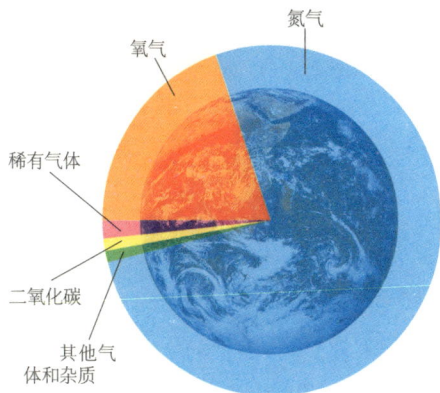

氧气

氮气

稀有气体

二氧化碳

其他气体和杂质

▲ 大气成分示意图

🍀 气候与环境

　　一个地区的气候是气温、降水、风力等非生物因素的综合体现,这些因素与人类以及其他生物的生存和发展紧密相连。气候发生改变,会给人们的生产生活带来巨大影响。

🍀 气候异常的原因

　　人类在工业化过程中大量使用矿物能源,以及人类对地表植被的破坏带来的二氧化碳等温室气体激增,是引发温室效应、产生全球气候变暖等异常现象的重要原因。

▲ 汽车尾气是温室气体的来源之一

🍀 气候异常的影响

　　大气并不是静止不动的,它与其他圈层相互作用,从而影响整个生态环境。大气圈变化导致的气候异常会使世界各地极端气象灾害的发生频率和强度大幅增加,不仅破坏生态系统的平衡,还威胁人类的生存。

▼ 大气圈是大气在地球表面形成的一个连续圈层

33

臭氧层破坏

臭氧是大气中的微量气体之一，它形成的臭氧层对保护地球上的生命以及调节气候有着极其重要的作用。从 20 世纪 80 年代科学家在南极上空发现臭氧层空洞开始，直到今天臭氧层破坏问题仍未得到解决。

臭氧层被破坏的原因

臭氧层破坏指臭氧层变薄、臭氧浓度降低的现象。人类过多使用制冷剂、除臭剂等含氟物质，使大量氯氟烃类物质进入臭氧层，与臭氧发生反应，导致大气中的臭氧量减少，是臭氧层遭到破坏的最主要原因。

▲ 臭氧层空洞示意图

▼ 臭氧被大量损耗后，大气吸收紫外线辐射的能力大大减弱，这将导致到达地球表面的紫外线明显增加，给人类健康和生态环境带来多方面的危害

🍀 臭氧层与紫外线

臭氧层可以吸收太阳光中有害的紫外线，只让那些无害的、危害轻的紫外线到达地面，从而起到保护人类和地球其他生物的作用。

🍀 紫外线的利与弊

太阳紫外线可以杀毒灭菌，但紫外线太强会对人和其他生物产生伤害。长期被紫外线照射，人体患皮肤癌的概率会大大增加；植物光合作用会被阻断，它们的生长进而受到影响。

▲ 如果没有臭氧层，我们只能待在遮阳伞下来躲避紫外线的伤害

🍀 臭氧层破坏影响生态平衡

臭氧层遭到破坏，会使过量的紫外线到达地面，直接威胁人类健康。此外，臭氧浓度的变化及其在大气圈中的重新分布还可能使太阳辐射发生改变，导致气候异常，进而影响生态环境的平衡。

在极地上空出现的大范围臭氧层厚度变薄和浓度降低的区域，叫极地臭氧层空洞。

光化学污染

在人类所处的生态系统中，不仅存在着能量与物质的转换，也经常发生着难以察觉的化学反应，比如大气中的光化学反应。这些化学反应通常在非生物因素之间进行，但其带来的污染却会危害包括人类在内的各种生物。

▲ 正常的大雾不会对人体构成直接伤害

光化学反应

物质在可见光或紫外线的照射下吸收光能而产生的化学反应，叫光化学反应。在自然界，植物的光合作用就是一种光化学反应。

光化学烟雾

大气中的二氧化氮和碳氢化合物浓度达到一定程度时，在光照、湿度和风力、地形等因素的共同作用下，会发生光化学反应，形成烟雾，称为光化学烟雾。这是一种严重的大气污染现象。

危害人体健康

二氧化氮和碳氢化合物主要来自汽车尾气和工业废气，其光化学反应能够形成过氧乙酰硝酸酯等有害物质。这些物质通过光化学烟雾作用于人体，会诱发红眼病以及呼吸道疾病。

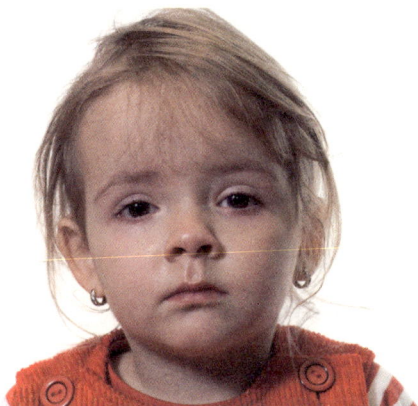

▲ 红眼病由急性结膜炎引起，主要症状表现为眼部有灼热感、发痒、流泪等

光化学烟雾还会降低大气能见度，使植物枝叶变黄甚至枯死。

洛杉矶光化学烟雾事件

20世纪中叶，美国洛杉矶爆发了严重的光化学烟雾事件。庞大的汽车拥有量是洛杉矶经济发达的象征，但汽车尾气造成的光化学烟雾让洛杉矶深受其害，仅1955年就有400多名65岁以上的老人死于呼吸系统疾病。

▼ 光化学烟雾带来的污染不会在短期内消除，其造成的影响持续的时间甚至更长

水圈与水生态

江河湖泊、海洋等水体都有各自完整的生态系统,并共同组成了地球水生生态系统,同时还在地表形成了一个连续的圈层——水圈。水圈通过物质和能量的循环与土壤圈、大气圈和生物圈发生联系、相互作用,从而影响整个生态环境。

水圈中的水现状

海洋是水圈的主体,水量丰富,但由于海水是咸水,不能被人类直接使用。目前,能供人类使用的淡水资源多来自江河、湖泊、地下水等。这些淡水资源分布不均,储量有限,而且污染严重。

▶ 缺水仍是非洲干旱地区面临的一大挑战

▲ 如果水体遭到污染,水中的鱼类就会死亡

水圈与生物

水圈通过水循环与土壤圈、大气圈和生物圈相互影响、相互作用。在循环过程中,水圈各种水体的自然环境与生存在其中的生物形成了不同的生态系统,并构成了全球水生生态系统。

淡水生态系统

水生生态系统由海洋和淡水两大生态系统共同构成。淡水生态系统包括江河、溪流、泉等流水生态系统和池塘、湖泊、沼泽等静水生态系统。其结构比海洋生态系统简单，生物种类相对也少。

▲ 位于澳大利亚的大堡礁是海洋生物的天堂

▲ 沉入海底的垃圾袋是海洋生物的致命威胁

水体自净

水生生态系统具有通过沉淀、稀释、吸附，以及水陆交错地带的截留等功能降低污染物浓度，达到自我净化的效果。但这种能力有限，当人类活动导致生态环境负荷过大超出这种能力，水生生态系统也会面临崩溃。

▶ 建在河边的炼油厂一旦发生泄漏，就会在水面形成大片油污，对当地的水生生态系统造成严重危害

生物圈与地球生态

地球生物与它们生存的自然环境也像水、大气那样在地球表面组成了一个连续不规则的圈层，就是生物圈。生物圈是一个相当复杂而庞大的生态系统，它以生物为主体，同时也与大气圈、水圈和土壤圈有着千丝万缕的联系。

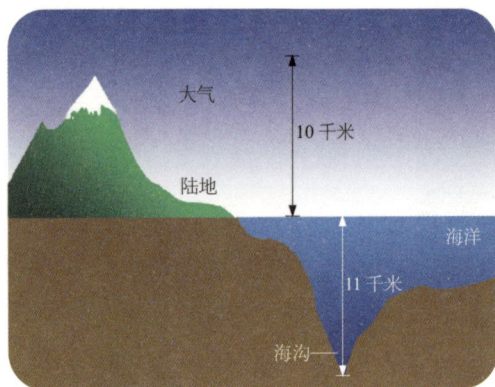

▲ 生物圈范围示意图

生物圈的大致范围

生物圈大致范围在海面以下约 11 千米到地面以上约 10 千米之间，包括以土壤圈为主的地壳上层、水圈和大气圈对流层，但主要集中在它们的接触地带。

生物与生物圈

地球上的绝大多数生物都生活在生物圈内，因为这里的光、热、水分、土壤等一切外在条件正好能满足它们维持正常的生命活动。森林、海洋、湿地有着适合生物生存的先天优势，是生物圈的重要组成部分。

▲ 非洲稀树草原上成群的羚羊

▲ 夏威夷蜜旋木雀生活在美国夏威夷群岛，并以它那独特的黑脸颊而为人熟知。由于栖息地逐渐减少，加上瘟疫、食肉动物的出现及食物缺少等原因，它们可能已经灭绝

生物圈中的植物

植物是生物圈与水圈、大气圈和土壤圈之间进行物质、能量循环的桥梁。森林、草原等植被因人为活动被破坏，不仅会改变动植物等生物的生存环境，也会影响水等物质在各圈层之间的循环，导致土壤环境恶劣。

▼ 植物通过根部从土壤中获取生存所需的营养物质和水分，通过叶片上的气孔进行呼吸和光合作用、蒸腾作用，完成物质与能量在土壤圈、水圈和大气圈之间的传递与转换

环境对生物的影响

生物在正常的环境下会维持正常的生命活动，如果生存的环境发生改变，不能适应变化的生物可能会面临濒危甚至灭绝的危险。这种环境的变化既有自然原因，也有人为因素的影响。

虽然也有生物在火山口、海沟底部等特殊地带生存，但能在这种严酷环境下生存的生物是极少量的。

森林锐减

一般来说,生态系统中的生物种类越丰富,种类间的联系越紧密,系统结构会越稳定,生态平衡越不容易被打破。森林有着丰富的生物种类和稳定的生态系统,但即便如此,在人类活动的影响下,森林也面临着生态危机。

人口增加的影响

在没有人类干预的情况下,森林生态系统会一直保持相对稳定的动态平衡。而随着人口的增加,人类对食物和生存空间的需求不断增大,人们毁林开荒,建设新的生存地,使森林成为受害者。

热带雨林是森林生态系统中生物资源最丰富、生态功能最多的森林类型。

▲ 合理有度地获取木材,会保障林木的正常生长繁衍

森林遭到砍伐

伴随着人类活动的加剧,森林生态系统正变得越来越脆弱。缺少植被保护的森林地表裸露,土壤在水力、风力等作用下渐渐退化。一些原始林的毁灭,更是生物资源的巨大损失。

🌸 动物种类减少

大量的森林被砍伐,使栖息在森林中的动物不得不离开栖息地,迁往别处。有的动物可能因不适应新环境而在生存竞争中被淘汰,有的动物遭到人类捕杀,其种类迅速减少。

◀ 捕杀动物

🌸 人类自食其果

树木被砍伐和动物种类减少会打破森林原有的生态平衡,致使森林调节气候、涵养水源、保持水土等生态功能减弱。这种影响反作用于人类身上,将会使人类的生存环境更加恶劣。

▼ 森林被严重破坏是加剧水土流失的主要原因

43

物种加速灭绝

通常我们会以动物和植物种类的丰富程度来评判一个生态系统中的生物是否具有多样性。随着环境污染的加剧，生物的栖息地遭到破坏，加上人类对生物资源的过度开发利用，地球上的生物正在加速灭绝。

什么是物种灭绝

物种灭绝指的是在长期进化过程中所形成的具有一定遗传特征的物种，因为自然原因和人为因素逐渐消失的过程。

▲ 三叶虫早在人类出现之前就已经灭绝

不同范围的物种灭绝

物种灭绝有全球性灭绝和地域性灭绝之分。前者指的是物种在全球范围内的灭绝，比如渡渡鸟、袋狼等；后者指的是物种在某个大洲、国家或地区内灭绝，但在其他地区仍存在。

◀ 袋狼曾广泛分布于新几内亚热带雨林、澳大利亚草原等，后因人类活动的影响，在20世纪灭绝

▲ 渡渡鸟是毛里求斯独有的鸟类，因人类的捕杀而灭绝

▲ 恐龙灭绝假想图。恐龙在人类出现之前灭绝，其主要原因可能是小行星撞击地球导致的自然环境的变迁

物种与种群

物种的灭绝并不是单个生物体的消失，而是一个物种群体即种群的消亡。种群的延续是靠繁衍来实现的，当物种现存的数量难以繁衍到一定规模来延续种群，就意味着该物种面临灭绝。

> 物种指的是具有一定形态特征、生理特征、行为特点和遗传特征，以及一定自然分布区的生物类群。

人类与物种灭绝

近一百年来，物种的灭绝速度是人类出现之前的百倍左右。人类活动是造成当前物种加速灭绝的主要原因。物种灭绝不仅是地球生物资源的巨大损失，也直接影响人类的生存。

▲ 人类的过度捕捞正在加速海洋生物的灭绝

外来物种的入侵

高山、大海、沙漠、河流等的天然屏障作用,使不同的区域形成了形态各异的生态系统。当某个外来物种被有意无意引入一个新的生态系统中,其适应性强、繁殖快的话,很可能会打破该系统原有的生态平衡,造成严重危害。

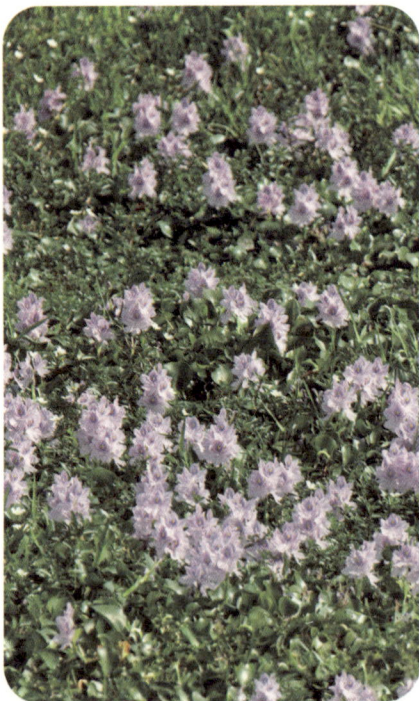

▲ 凤眼蓝也叫水葫芦,原产巴西,后被作为观赏植物引种栽培到世界各地,迄今已在亚、非、欧、北美洲等数十个国家造成危害

物种的生活区域

通常,物种在长期的演化过程中会对生态环境形成一定的适应性。生物与环境之间的相互作用决定了物种的生存方式和生活环境,这也使它们形成了特定的生活区域。

物种的分布

地球上的生态环境有差异也有相似处,所以同一物种可能会隔山跨海分布于不同区域的相似生态系统中,形成它的全球分布特点。这种分布特点在正常情况下一般不会改变,但生物入侵会改变这种分布。

🍀 物种入侵打破物种分布格局

　　物种入侵指的是动物、植物、微生物随着人类活动进入一个新区域,打破该区域生物分布的空间格局,导致生物种群重新分布的现象。

◀ 福寿螺原产于南美洲亚马孙河流域,它个大肉多,曾经被引进当作餐桌上的美味佳肴。福寿螺喜欢生活在稻田里,吃得多长得快,如今已经成为我国南方水稻的头号杀手

🍀 物种入侵的危害

　　物种入侵会通过食物链改变特定区域或自然环境中的物种种群间的关系。如果入侵物种的适应性和繁殖力远远超出当地物种,还可能造成当地物种生存空间被挤压,甚至灭绝,打破当地生态平衡。

　　生物入侵会改变当地物种的构成,给生物资源的开发利用和人类社会造成巨大损失。

▼ 19 世纪末,野兔被引入澳大利亚。如今由于澳大利亚野兔数量多得惊人,以至于当地的原生植物、动物甚至土壤本身都受到了严重危害

土壤圈与土壤危机

土壤由各种矿物质、有机物质、空气和水分组成，是地球表面一层疏松的能够生长植物的覆盖物，并形成了土壤圈。土壤是人类生存的重要环境因素，其质量会直接影响农作物、森林、草原植被的生长以及生态环境。

土壤圈

土壤圈也是一个大的生态系统。附着于土壤上的植物是生物圈的重要组成部分，大气中的降水通过土壤渗入地下进入水圈，这是土壤圈与其他圈层的交互运动。

▲ 土壤是植物生长的根基

土壤污染

▲ 农药是土壤的主要污染源

工业废水、废渣、农药、寄生虫卵等有害物质会通过渗漏、灌溉等途径污染土壤，并进入生长于土壤中的植物的根、茎、果实。这些被污染的粮食、蔬果会直接影响人类的健康。

▲ 植被稀疏的沙漠化土壤

🍀 土壤退化

除了污染，人类的不合理开发利用导致的土壤退化也很严重。土壤退化是土壤数量下降、质量降低的现象，砍伐森林引发的沙漠化、干旱引发的土壤板结、过量灌溉引起的土壤盐渍化等都是土壤退化。

🍀 人类活动与土壤自净

在自然状态下，土壤和海洋、森林一样，也可以通过对污染物的吸附、沉降、降解等作用降低污染物浓度，达到自净效果。但是，当人类活动超出土壤的自净能力，土壤"回馈"给我们的将是灾难。

地球陆地表面和浅水域底部土壤所形成的连续的圈层，称为土壤圈。

▼ 在田地里劳作的农民。土壤是农作物生长的基础，为了提高农作物产量，人类通过灌溉、施肥、喷洒农药等方式直接或间接改变着土壤

生物污染

各种生态系统中，物质和能量的循环都以生物为中心进行。在这个过程中，生物无时无刻不在与周围环境发生联系。当一些能够威胁到人类和其他动植物生存的寄生虫、病毒、细菌等进入水体、土壤中，就会形成生物污染。

什么是生物污染

生物污染是寄生虫以及有害病菌等微小生物通过各种途径进入大气、土壤、水等自然因素中所引起的环境和食品污染。

生物污染往往难以被察觉，要防治污染，只能从污染的源头抓起。

🌸 生物污染源

　　未经处理的医院污水、生活污水、肉类加工厂和食品加工厂废水、污浊的空气、食物受霉菌或虫感染等，都可能成为生物污染源。

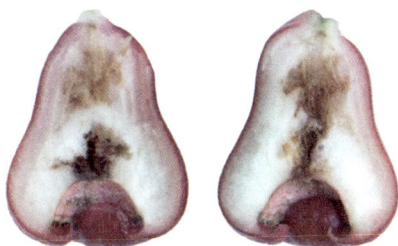

▲ 果蝇引起水果腐烂不同于生物污染中的寄生虫感染，寄生虫感染指寄生虫虫卵造成的食物污染

▲ 污水处理后沉积下来的污泥

🌸 传播渠道

　　医院污水等污染源中的污染物随着污水被排入河流等，经渗漏进入土壤，或者随风混入大气中后，又会通过饮用水、粮食蔬果、人类呼吸等渠道流入人体，直接威胁人类健康。

🌸 水体生物污染

　　水体受到废水中的氮、磷等物质污染，引起藻类或其他水生生物暴发性繁殖或高度密集造成的水体变色和水质恶化也属于生物污染，比如赤潮。赤潮会降低水的透光度和氧气浓度，严重危害鱼类和其他水生生物。

▼ 赤潮引起水面颜色改变

51

垃圾成灾

人类在从环境中索取所需生存和发展资料的同时，也在不断制造垃圾。各种设备、设施的更新换代，使那些被淘汰的旧东西成为废弃物。如果任由垃圾被随意丢弃、堆放，垃圾将会成为灾难，威胁人类的生存。

不断出现的垃圾

垃圾通常指人类制造的各种固体、流质废弃物，其中固体废弃物问题最严重。人口的激增、人类活动的加剧、各种产品的更新速度过快，使全球无时无刻不在生产垃圾。

▲ 垃圾污染

▲ 垃圾被粉碎后进行统一填埋

装不下的垃圾

如果全世界每天排放的垃圾不能及时处理，也许用不了多久地球将会被垃圾填满，成为一个"垃圾星球"。除了地球表面，地球外的太空中也遍布人类航天活动产生的垃圾。

🌸降解成难题

　　各种生态系统都能通过沉降、吸附等物理作用，以及在热、光、化学反应、微生物的降解作用下进行自净。但除了能够降解的部分外，生态系统对多数固体垃圾几乎无能为力。

▲ 果皮、废弃的菜叶等集中起来，可以制作垃圾堆肥

　　随意堆放形成的垃圾场是孳生有害微生物、蚊蝇和蟑螂等疾病传播者的温床。

🌸去向与隐患

　　人们目前对垃圾的处理有填埋和焚烧两种方式。这两种方式都不是万全之策，都会对生态环境造成不同程度的破坏。填埋会污染土壤、地下水，焚烧垃圾的废气会直接污染大气。

▼ 垃圾燃烧会严重污染空气

固体废弃物污染

固体废弃物也叫固体垃圾，它们不但占用空间，也污染环境。在当前产生的固体废弃物中，塑料制品带来的"白色污染"和电子产品污染与我们的生活最密切。人类制造了垃圾污染，现在又不得不面临垃圾污染的危害。

"白色污染"

塑料制品是当前数量最多的固体废弃物，常用作包装材料、一次性餐盒等。塑料是石油的衍生品，因为含有有害的高分子化合物，又多为白色，被称为"白色污染"。

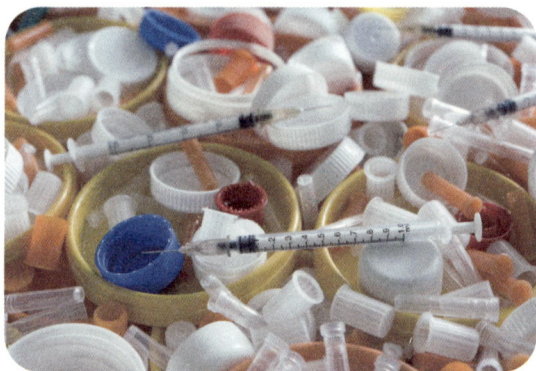

▲ 医用废弃物是塑料垃圾的重要来源，由于可能携带有各种传染病菌，因此医用废弃物要经过专门处理

塑料具有质量轻、防水、耐用、成本低等特点，所以被广泛使用，由此产生了大量塑料垃圾。

"白色污染"的危害

一般塑料制品要在自然环境下得到降解，回归自然循环，需要几十年甚至数百年的时间。当绝大多数塑料垃圾被填埋或随意丢弃在河流等中时，不仅会污染土壤、河流，堵塞河道，也会对动物的生存构成威胁。

❀ "电子垃圾"

我们现在的生活中随处可见各种电子产品。随着电子产品更新换代的加快,废弃电子产品形成了新的垃圾污染源。这些"电子垃圾"既有大量可回收的可再生资源,也含有大量有害物质。

▲ 电子垃圾中有很多可回收的金属等材料

❀ "电子垃圾"的危害

"电子垃圾"如果被随意丢弃、焚烧或掩埋,会产生大量的有毒废液、废气、废渣。这些废液、废气、废渣进入水体、土壤和大气中,将会对环境造成严重污染。

▼ 电子垃圾

噪声污染

噪声污染也是当前城市环境公害之一。通常，人口和资源的密集化容易加大人类活动对环境造成的负面效应。在大城市中，为了满足更多人的生产生活需求，建设施工频繁、交通工具使用率高，噪声污染也更为显著。

耳朵与听觉

人类认识世界、感受世界是通过眼、耳、口、鼻、皮肤这些身体器官的视觉、听觉、味觉、嗅觉和触觉来实现的，外界环境对这些器官的刺激与影响也最直接。

▲ 音乐能愉悦身心，但音量太大也会成为噪声

声音有差别

声音由物体的振动产生，会以波的形式在空气中传播。一般而言，类似音乐的声音通常都是有规律、有节奏的振动，所以悦耳动听。但像建筑施工场地发出的无规律的敲击形成的振动，对人耳就是折磨。

▲ 刺耳的声音很容易影响他人情绪

🍀 噪声损害人的听力

我们靠听觉接收外界声音。建筑施工场地发出的敲击声、工厂机器和汽车发动机的轰鸣之所以会成为噪声，是因为它们会对听觉造成损伤，轻者致人耳鸣、头晕，重者还可能使人丧失听力。

▲ 采取隔音措施可以减缓噪声伤害

噪声污染与大气污染、水污染、固体废弃物污染并列为全球四大环境公害。

🍀 噪声无处不在

在城市中，噪声污染无处不在，工厂噪声、施工噪声、交通噪声、广场舞、公众场合的喧哗都是噪声污染源。长期暴露在高强度噪声环境中，不仅是人，动物甚至植物也会受到严重影响。

▼ 广场舞声响过大，也会成为噪声污染源

热污染

温度是生态环境中的非生物因素之一，会对生物的生命活动产生重要影响，直接影响着动植物的生长、发育和繁衍。人为原因形成的热污染所引起的大气和水体温度变化，甚至会给生态环境带来严重危害。

热污染的来源

火力发电厂、核电站、钢铁厂等工厂的冷却系统排出的热水、热气，化工厂、造纸厂等排出的废水中都含有大量废热。这些废热导致大气、水体温度升高造成的污染，称为热污染。

热带鱼会在环境温度骤然下降时因中枢神经系统受到抑制而缺氧死亡。

▼ 火力发电厂排出的废气中含有大量废热

▲ 火力发电厂排出的废烟、废气是主要的大气热污染源

污染大气和水体

热污染属于能量污染，会通过热传递的形式影响大气和水体。大气热污染会加剧城市中的热岛效应，水体热污染甚至还会引发水质恶化、鱼类不能繁殖或死亡等生态问题。

影响生物与环境

生物由于长期生活在一定的范围内，其生长、发育通常都在一定范围内的温度下进行。热污染会使水温、大气温度骤然升高，这种变化会直接作用于生物，也会改变生态环境。

▲ 热污染、油污染都会造成水中的鱼类大量死亡

水体热污染严重

水体受热污染影响最严重。其导致的水体升温除了会改变水生生物的生活习性，还会进一步影响水生生物的分布与生长繁殖。升温幅度过大和升温过快，对水生生物更有致命的危险。

▲ 河流不仅面临热污染，也成为垃圾堆放地

人类环保共识

人类作为生态系统的一部分，既能改变环境，也受环境影响。面对地球当前的生态环境问题，当每个人都能有环保的意识，全人类能达成环保共识，地球生态环境现状将会得到改观。庆幸的是，在环保面前，人类没了分歧。

▲ "世界地球日"标志

"世界地球日"

2009 年 4 月 22 日，第 63 届联合国大会一致通过决议，决定将每年的 4 月 22 日定为"世界地球日"，目的就是提高人类对保护地球及其生态环境的意识。

"世界环境日"

1972 年 6 月 5 日，联合国在瑞典首都斯德哥尔摩举行第一次人类环境会议，通过了《人类环境宣言》及保护全球环境的"行动计划"。同年，第 27 届联合国大会将每年的 6 月 5 日确定为"世界环境日"。

🍀 我国的实际行动

我国拥有辽阔的疆域和庞大的人口，经济发展与生态环境之间的矛盾异常突出。但是我国依然坚决履行大国职责，积极参与国际环境保护，缔结了一系列国际环保公约、议定书和双边协定。

▲ 动物保护区

2018年"世界环境日"我国的宣传主题是：美丽中国，我是行动者。

🍀 生态环境部成立

保护环境是我国的基本国策。2018年4月16日，中华人民共和国生态环境部取代原来的环境保护部，正式揭牌。这意味着我国将进一步加强环境污染治理力度，以提高生态治理效果，保障国家生态安全。

▼ 在干旱沙漠地区大力种植绿化树是改善当地生态环境的重要途径

合理控制人口增长

　　人类对生态环境的影响，会随着改造环境能力的提高和人口的增长而扩大和加深。但这种改造是双面的，一味地控制或放任人口增长都不是长远之计，结合当地和全球环境现状合理引导人口增长才能使人类发展进入良性轨道。

人口压力激增

　　近百年来，随着生活质量的提高，人类的寿命得到延长，死亡率下降。这种现象造成的结果就是人口的增长远远超出人口的减少，从而导致巨大的人口压力。

▲ 人口老龄化正在成为困扰人类的难题

控制人口增长减少消耗

人口增长意味着要人类要消耗更多的资源，占用更大的生存空间，对环境产生更多的破坏。所以保护生态环境，减少对资源的消耗和对环境的破坏，首先要控制人口增长。

▲ 地铁车厢内拥挤的人群

控制人口增长的另一面

从保护生态环境角度讲，控制人口增长是好事。但是从一个国家或地区乃至全人类的长远发展来看，在人口增长得到控制的前提下，人口的出生率小于死亡率时，也会产生负面影响。

人类社会新增人口少于死亡人口的现象，称为人口负增长。

合理控制人口增长

当人口不增反降时，老龄人口的大量增加会加大整个社会的养老压力，导致社会生产力下降，甚至出现工厂荒芜、城市衰落现象。所以，合理控制人口增长、提高人口素质是保障人类发展、保护生态环境的前提。

▼ 公路上的车流是人口密集最直观的表现

能源开发与环保

从工业革命开始到现在，人类社会各领域的生产生活都离不开对能源的消耗。煤炭和石油是当前社会应用最广的能源，但其带来的环境污染有目共睹。因此开发利用新能源，取代这些常规能源，成为保护生态环境的重要途径。

▲ 太阳能电池板可用来收集太阳能并将其转化为电能

🍀 能源现状

由于不可再生、分布不均、储量有限，人类普遍使用的石油、煤炭、天然气等常规能源正面临着枯竭的问题。大量使用这些矿物燃料对生态环境带来的环境污染，也成为人类亟待解决的难题。

🍀 能源更替的前提

虽然可提供能量的能源来源各有不同，但各种形式的能量之间可以通过一定方式互相转化，这是用新型的清洁环保、可再生能源替代污染较大的常规不可再生能源的前提。

🍀 选择新能源

面对大量使用常规能源的前车之鉴，资源丰富、可再生、污染小成为人类选择和开发新能源的新标准。

▶ 以石油为原料合成的塑料制品是固体垃圾的主要来源

核能也属于新能源，但如果开发利用不当，造成核污染事故，也会带来长期、严重的生态问题。

🍀 能源更替需要时间

虽然人类当前正在开发和已经开始应用的大部分新能源前景光明，但由于开发利用成本高、不能持续供能，要完全取代常规能源还需要较长时间。

▼ 利用风能推动风车叶片转动，进而带动发电机可以将风能转化为电能

进行生态修复

　　面对拥挤的人流车海,越来越多的扬沙雾霾天,环境保护迫在眉睫。但是要人类完全停止对环境的改造利用,彻底杜绝污染现象,并不现实。我们能做的是尽最大的努力进行生态修复,恢复生态系统原有的状态,或者引导其良性发展。

🍀 生态修复的方向

　　生态修复简单来说,就是按照自然规律,通过人工方法创造良好条件,依靠生态系统自身的净化、调节能力,使其向良性方向演化或者恢复到其原有的状态。

▲ 城市绿化可以改善城市生态环境

🍀 生态修复的首要问题

　　生态修复的对象主要是那些在自然环境突变或人类活动影响下受到破坏的自然生态系统。要恢复生态系统原有的状态,首先要停止人类活动的干扰,以减轻生态系统的负荷。

▲ 城市中的人工草坪

▲ 城市绿化不是简单地多种树、多种草，而需要有规划、有序地开展

不同于绿化、造林

很多城市为了改善生态环境，会大规模地植树种草进行绿化。但生态修复并不等同于城市绿化，也不等于以防止水土流失为目的的植树造林，或者引种多样化的植物。

排水沥青路面可以使雨水被路侧的植被充分吸收、过滤，自然渗透进土壤、河道。

▲ 排水沥青路面

生态修复措施

生态修复的目标不是要种植尽可能多的植物，在城市中，它与城市规划、城市建设有直接的关系。建设大规模的绿道网、采用排水沥青工艺铺设路面、改善现有绿地质量等，都可以起到生态修复的作用。

保护生物多样性

生物为我们提供了丰富的食物来源，在维持生态平衡上也有着重要作用。物种越丰富，相互间的关系越复杂，生态系统越稳定，生态环境对人类的生存越有利。从这个意义上说，保护生物多样性就是保障人类的生存基础。

保护生物多样性的内涵

保护生物多样性需要从基因、物种和生态系统三个方面加以保护。这三个方面的具体保护方式和手段虽然有差异，但并不是相互割裂开的，而是互为辅助，目的都是保护地球生物的丰富性。

2016年9月22日，我国位于深圳的国家级基因库正式运营。

▼ 动物保护区并不单单是为了保存单一物种，而是保护整个的生物群落

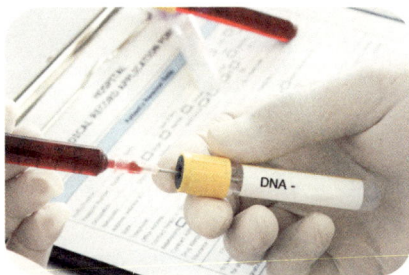

▲ 基因检测是发现遗传信息，了解各种疾病潜在隐患的技术手段之一

保护基因多样性

基因是生命遗传信息的基本单位，生命的延续离不开基因。保护基因多样性是为更多生命的遗传和延续提供尽可能大的保障，建立基因库是当前保护基因多样性的重要手段。

保护物种多样性

保护物种多样性主要针对现有的物种，特别是一些因人为原因导致濒危的物种。建立以保护特定物种为主的自然保护区，是当前我们维持生物资源丰富性的主要途径。

▲ 我国建立大熊猫基地、保护区的主要目的除了保护大熊猫这样的濒危物种外，也是为了保护以大熊猫为主的生物群落

保护生态系统多样性

保护生态系统多样性是为了给生物物种、种群提供更多的生存可能。生态系统多样性使得生物对生存环境的选择余地很大，单一的生态系统不仅生态功能脆弱，也不适宜物种的长期生存。

维护公共环境

在日常生活中,社区、大街、公交车、学校、公园、电影院等供公众使用或服务于人民大众的公开场合都属于公共场所。在公共场所中,我们与他人共同享用周围的环境,维护公共环境因此成为每个人的责任。

公共环境是大家的

在城市中,天空、河湖、树木、花草等自然景观,道路、桥梁、广场、建筑物、雕塑、公共环境设施等人造景观,都是城市公共环境的组成部分。公共环境是生态环境的一部分,不属于个人,而是大家的。

▲ 城市环境需要大家共同维护

爱护公共设施

公共设施是公共环境中的人造设施,是属于大家的。我们每个人都有享用公共设施的权利,也有爱护公共设施的责任,既不能将其占为己有,也不能随意破坏。

▲ 爱护公共设施是每个人的责任

▲ 整洁干净的城市公共环境是我们共同努力的结果

维护公共环境

在人员密集的公共环境中,病菌等微生物很容易通过空气或公共设施传播开来。维护公共环境卫生不是保洁工人一个人的工作,而是需要我们每个人共同努力。

维护公共环境不仅要有维护环境的意识,还要能将实际行动坚持下来,养成好习惯。

节约公共资源

虽然类似公厕这种公共设施中的水、厕纸等公共资源不需要个人付费使用,但这并不等于我们就可以浪费。节约公共资源是个人环保意识的直接表现,需要我们的实际行动。

▲ 爱护公共环境的意识需要从孩提时期培养

拒绝被动吸烟

抽烟不仅会危害吸烟者自身的健康，也会使周围人成为被动吸烟者，直接或间接受到健康威胁。如果吸烟只与吸烟者自身有关，周围人确实很难干涉。但是烟雾给环境带来污染、影响他人时，就需要我们所有人共同说"不"。

烟雾的主要成分

烟草燃烧后产生的烟雾中 90% 以上是以二氧化碳、一氧化碳、氨气、硫化氢等为主的气态污染物，剩余部分主要为尼古丁、烟焦油等颗粒物。一氧化碳、氰化氢、尼古丁、烟焦油等有的本身就是有害物质，有的含有大量有害物质。

▲ 燃烧的烟头

二手烟与三手烟

二手烟既包括吸烟者吐出来的烟雾，也包括烟草燃烧时自行产生的烟雾。三手烟是烟熄灭后的一段时间内，烟雾在室内或物体表面以及灰尘中残留的有害物质。这两者是对非吸烟者造成危害的主要因素。

▲ 二手烟对非吸烟者也会产生危害

▲ 小小的烟头往往是引发大火灾的安全隐患

吸烟与火灾

吸烟不仅污染环境,还极易产生火灾。那些未完全熄灭的烟头不仅是造成家庭火灾的源头之一,也是森林火险需要严加防范的重要隐患。

烟草是全球唯一一种按产品说明使用,却可能导致使用者死亡的合法消费品。

勇敢说"不"

在吸烟者较多又通风不畅的室内等环境中,每毫升烟雾所含有的烟尘颗粒和一氧化碳浓度会严重超标。虽然通风能缓解烟雾污染,但保护自身健康还需要我们勇敢说"不",拒绝被动吸烟。

▲ 对青少年来说,要对被动吸烟说"不",更要远离主动吸烟

尊重动物伙伴

对我们来说，尊重生命首先要爱惜自己的生命。尊重动物伙伴，最实际的行动就是爱护身边的小动物。每个生命都有在地球上生存的权利，我们对生命的尊重就体现在对生命生存权利的关注与保护。

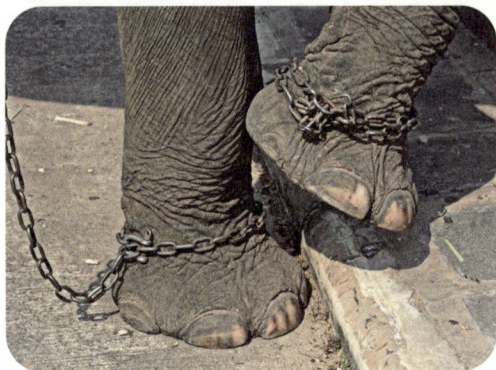

▲ 人类在捕杀野生动物时所采取的一些暴力行为，也是对动物的一种虐待

跟虐待动物说"不"

尊重动物伙伴先要和虐待动物说"不"。虐待动物是一种人为的、故意向动物施虐的行为。它会严重伤害动物的身体，甚至造成动物死亡。我们青少年在看到这类行为时，可以设法制止；制止不成，也最好能向大人求助。

拒绝食用野生动物

食用野生动物会破坏野生动物资源，还可能将野生动物携带的未知病菌传播开来，引发传染病。拒绝食用野生动物既是为我们自身安全考虑，也是对野生动物的尊重和保护。

为了追求冒险、刺激而进行的偷猎行为，不仅不尊重动物，也破坏了动物的栖息地，还会触犯国家法律。

▲ 没有需求就没有杀戮，保护野生动物需要我们从拒绝动物制品做起

拒绝动物制品

由于象牙、动物皮毛经过加工后，能牟取暴利，不少动物因此丧生在了人类的猎枪下。买卖、使用动物制品可能离我们青少年比较远，但我们可以劝阻身边的大人不使用、不买卖。

尊重动物生活习性

尊重动物伙伴就要尊重它们生存的权利，尊重它们的生活习性。在保护区或公园里，不要随意给动物投食，不要随意破坏花草、绿地，不要乱扔垃圾，要爱护它们的生存环境。

▼ 从善待自己身边的动物朋友开始，让我们学会尊重生命，尊重和保护更多的动物

爱护一草一木

植物既有美化环境的作用，也有改善空气质量、蓄水固土、为动物营造栖息地等生态功能。我们提倡爱护一草一木，不但要保护身边的花草树木，也要从节约用纸等小事做起，为保护绿色资源这样的环保大事贡献一份力量。

爱护身边的植物

要爱护身边的花草树木，就不能随意地攀折花枝、踩踏绿地。在野外游玩时，最好不要采挖、采摘野生植物，或者将它们移栽到别处。因为这不但会对植物本身造成伤害，还可能破坏植物的生存环境。

▲ 环保先要爱护身边的花草

植树种草多绿化

在城市中，土地资源非常有限，植树绿化的用地通常要由相关部分来进行统一规划。不过我们可以多参加统一组织的野外植树活动，这样不但接触了自然，也为环境保护做了贡献。

▲ 参加植树活动，为地球增添一抹绿色

🍀 节约用纸非小事

　　我们平时用的各种纸张、书籍都是以植物，特别是木材为原料制成的。减少纸张浪费、用电子贺卡代替纸张贺卡等节约用纸方式，可以在很大程度上减少人类对森林资源的消耗。

在一些容易发生火险灾情的山林地带，要格外注意防火，不能因玩火导致林木被毁。

🍀 废纸回收好处多

　　将家里的旧报刊、纸箱、纸盒等卖给废旧物资回收单位，不但能给家里腾出空间，还能达到环保目的。这些废弃物通过回收可以再循环、再利用，甚至还能重新加工成新纸张。

▼ 用回收废纸加工成的纸张印刷的新杂志

节能惜水

　　水、电是我们平时最常使用的资源。我们早已习惯了正常的供水供电，偶尔的停水或停电会给生活带来很大麻烦。当前，人类正面临着严重的淡水资源短缺和能源危机，日常生活中的节能惜水行动是我们为缓解资源危机能做的最大努力。

▲ 用完水关紧水龙头可以减少浪费

不要浪费水

　　被浪费掉的水通常还会通过水循环最终回到城市的供水管道，但这期间它将一直无法被利用，这就是一种资源浪费。平时洗手、洗脸、洗菜这些直接用水环节最容易出现浪费现象，水量不要调得太大等是随手便能做到的节水小事。

节水新途径

　　节水可以通过寻找新的水源和尽可能最大限度利用水来实现。通过一些措施将雨水回收，用淘米水、洗菜水浇花，用洗澡、洗衣服的水冲马桶等，都是节约用水的好办法。

▲ 洗澡的废水可以冲马桶

🍀 电、气供应频繁告急

每年冬天的取暖季经常会发生燃气供应告急状态，夏天经常因大量使用空调降温出现用电紧张问题，这是最现实的能源危机。要缓解用电、用气危机，需要我们每个人从不浪费电、气做起。

▲ 临出门时，提前三分钟关掉空调，室内温度不会有太大变化，但可以帮助我们省电

夏季使用空调时，温度每下降一度，空调耗电要增大不少。确定合适的温度后不再随意调节，可以节省用电。

🍀 节约用电用气

节约用电用气就是节约能源。在日常生活中，出门随手关灯，不要让电视机等处于待机状态，出远门时关掉电源、燃气阀门等都事关能源危机的大问题。

▼ 出远门时，记得将电视机的电源关掉。如果让电视机一直处于待机状态也会形成浪费

爱惜粮食与环保

　　洗手等直接用水环节容易浪费水,乱丢垃圾污染水体、浪费粮食等也是在间接浪费水资源。但浪费粮食并不仅仅是在浪费水资源,它同时还在制造垃圾,污染环境,加剧生态环境的恶化。这不是危言耸听,而是事实。

浪费粮食就是浪费自然资源

　　浪费粮食就等于浪费自然资源,因为生产食物需要耗用大量的土地、水资源和能源。我们每个人生活中不经意间的浪费行为,点点滴滴汇聚起来就是个大数字。

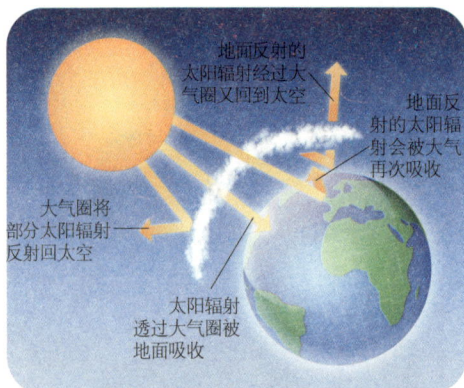

▲ 我们从食物中获取所需的物质和能量

地面反射的太阳辐射经过大气圈又回到太空

地面反射的太阳辐射会被大气再次吸收

大气圈将部分太阳辐射反射回太空

太阳辐射透过大气圈被地面吸收

▲ 温室效应示意图。大气圈中的温室气体不但会吸收部分太阳辐射,还会阻止地面反射的太阳辐射逸出大气层,造成温室效应

浪费粮食加剧温室效应

　　当人类生产的食物多于消费的食物时,会给环境带来巨大压力,因为这些多余的粮食在种植、运输和被作为垃圾处理的过程中同样会排放大量温室气体。

▲ 提前估算好人数，可避免家里宴请宾客造成浪费

合理采购、定量

对我们每个家庭来说，减少粮食浪费可以从理性采购、选择食材开始。无论是订餐还是自己做饭，也最好能根据人数和每个人的饭量确定食物分量，尽量减少食物剩余产生的浪费。

不偏食、不挑食

吃饭不偏食、不挑食既有助于我们身体均衡摄取各种营养物质，也不至于因为挑拣食物造成浪费。如果出现不可避免的食物垃圾，也最好能将它们单独收集起来。

采购食材时，"丑陋"或形状不规则的水果和蔬菜不要直接扔掉，这些食材只是外表看起来有差别，但质量未必差。

▼ 食物来源越丰富，我们获得的营养物质就会越全面，所以尽量不要挑食

处理生活垃圾

生活垃圾可分为四大类：可回收垃圾、餐厨垃圾、有害垃圾和其他垃圾。如果这些生活垃圾能够得到妥善处理，可以减少对生态环境的危害。虽然当前生活垃圾分类在我们的日常生活中没能推行开来，但已经成为很多人的环保观念。

对生活垃圾分类

我们每个家庭都是生活垃圾产生的源头。如果每家每户都能做好垃圾分类，可以在很大程度上减轻垃圾处理和回收利用的负担。

▲ 对生活垃圾分类

▲ 垃圾场分类打包好的垃圾

可回收垃圾

生活垃圾中的纸张、金属、塑料、玻璃、废旧电器、废弃衣物等属于可回收垃圾，平时最好能将其送到回收站或请专门人员回收。回收利用这些垃圾，可以减少对环境的污染，还可以节省资源。

▲ 腐烂的水果蔬菜可以归类到餐厨垃圾中

🌸 餐厨垃圾

家里的剩饭剩菜、骨头、菜根菜叶、果皮等食品类废物最好能单独装起来，送到垃圾站。这些餐厨垃圾集中起来，经过生物技术加工后可以制成堆肥，成为环保的有机肥料。

生活垃圾中还有砖瓦陶瓷、渣土、卫生间废纸等难以回收的废弃物，这些废弃物最好能单独装起来，以便进行处理。

🌸 有害垃圾

废电池、废日光灯管、废水银温度计、过期药品等都属于生活垃圾中的有害垃圾。我们在对这些垃圾进行分类时，最好能多套几层袋子进行防护，做好警示标注，以免对保洁或其他人员造成伤害。

▼ 有害垃圾一定要妥善处理好，再送往垃圾站

绿色出行

绿色出行是以其他公共交通工具代替汽车来减轻环境压力的一种环保方式。汽车数量的增加不仅给城市交通带来巨大压力，也成为大气污染加剧的主要原因。我们倡导绿色出行，主要目的是减少汽车的使用频率。

绿色出行的意义

绿色出行是采用对环境影响最小的方式出行，它具有节约能源、减少污染的特点。只要是能降低出行中的能耗和污染的出行方式，都称为绿色出行。

环保汽车是利用新兴的低排放、零排放技术，以消耗最少能源、防止和减少环境污染和破坏的汽车。

▲ 地铁在地下运行，不会造成地面交通压力和污染，而且运输能力强

乘坐公共交通工具

公交车、地铁等公共交通具有空间大、运载能力强的特点。如果大家都乘坐这些公共交通工具出行，既减轻了出行费用，减少了自驾车的尾气污染，也能缓解交通压力。

▲ 太阳能汽车设想图

🍀 选择更环保的汽车

汽车尾气排放是当前造成生态环境污染的主要原因之一。但如果家里决定买汽车，我们可以提醒父母结合自己家里的情况和环保要求，购买对环境污染相对小的汽车或环保汽车。

🍀 骑车出行

近几年，生态环境的恶化让越来越多的人又重新选择自行车作为交通工具。骑车出行不但可以减轻生态环境的负荷，还可以让我们有更多锻炼身体的机会。

◀ 自行车是最大众的环保交通工具之一

共享新生活

共享经济是指将社会上大量分散、闲置的资源通过一定的平台实现再分配，使现有资源得到重复和高效利用的一种新的经济生活方式。作为一种环保新形式，遍地开花的共享经济改变了人们的生活方式，也影响了我们每个人。

同乘汽车

现在，以同乘汽车形式为主的顺风车已经成为很多人出行的主要方式。出门用手机叫辆顺风车，不但方便快捷，也节省了资源、减少了环境污染，同时还拉近了人们之间的距离。

▲ 同乘汽车

共享单车

近几年共享单车成为很多城市的新风景，它们方便了人们的出行，也减轻了城市污染。虽然由于管理上的不规范，共享单车也给城市带来了一定困扰，但这种共享形式却是节省资源的新思路。

▲ 共享单车

▲ 共享汽车向人们提供的是汽车的使用权利

🍀共享汽车

与共享单车不一样的是，共享汽车向个人提供的租赁对象是汽车。共享汽车有不少是纯电动汽车，尽管电动汽车受蓄电能力影响，行驶路程有限，但仍有很多人将其作为环保的出行工具。

共享经济以资源共享为基础，这在一定程度上可以减缓对资源的消耗速度，减少污染排放，促进环境保护。

▲ 旧电脑等电子产品被转卖出去后，一定程度上可以减少电子产品更新换代带来的污染

🍀共享其他资源

出门旅游选择更具特色的民宿作为住宿地，将闲置不用的旧电器、电子产品或其他物品等在二手物品买卖平台上进行交易，这些都是共享经济的具体方式。

低碳健康生活

无论是共享经济还是绿色出行，都是实现低能耗、低排放这种低碳生活的重要途径。低碳生活既是一种生活方式，也是一种生活态度。这种态度和理念有助于我们养成绿色健康的生活习惯，也有利于人类与自然的和谐发展。

低碳生活的目的

低碳生活主要指生活中要尽力减少能源消耗，减少排放，特别是二氧化碳的排放，从而减少对大气的污染，减缓生态环境的恶化。

从三个环节做起

低碳生活主要是从节电、节气和回收三个环节来改变生活细节。节约能源、减少能源消耗就是最大的减碳。对我们来说，家里使用最多的能源就是燃气和电，所以低碳生活首先要节电、节气。

▲ 用电磁炉或燃气灶做饭，使锅等器皿的底部尽量被火苗包围或完全接触电磁炉做功部位能在一定程度上省气省电

🍀 养成低碳生活习惯

低碳生活是我们提倡的一种生活方式，但这种习惯不是一朝一夕就能养成的。如果你也想低碳生活，那就从节电、节水、节约粮食、绿色出行这些小事做起吧！

▲ 洗手洗脸时尽量不要将水龙头开到最大，更不要中途去做别的事

出门在外尽量少使用一次性牙刷、一次性塑料袋、一次性水杯，因为这些一次性物品用过就会扔掉，是对资源的浪费。

🍀 低碳生活不是刻意节俭

低碳生活是一种自然而然去节约各种资源的习惯。低碳生活并不意味要刻意去节俭，去放弃生活的享受，而是从生活中的节水省电等小事做起，厉行节约，不浪费。

▶ 上班、上学距离比较近，可以骑车或步行，这些都是身体力行的低碳生活方式。与其在家里的跑步机上锻炼身体，不如和爸爸妈妈去郊外跑步，去大自然中呼吸新鲜空气。做个环保达人吧

绿色家园—环保从我做起

保护生态环境